내 아이와 함께하는 **창의적인**

요리배우기

다음세대 출판부

다음세대

cooking class

contents

내아이와 함께하는 창의적인 요리배우기란?

· 수업 진행 방법이 제시되어 부모나 교사들이 보다 효과적으로 수업을 진행할 수 있습니다.
· 다양하고 재미있는 요리활동으로 유아들이 흥미를 가지고 요리를 배우며 언어의 개념을 이해합니다.

요리활동 01

cooking

공작모양 무 쌈

활동목표

- 여러 가지 색깔 무쌈을 이용해 창의력 있게 공작을 만든다.
- 요리를 하면서 도형과 수에 대해 안다.

 ## 필요한 재료

색깔 쌈무 10장, 맛살 2개, 슬라이스 햄 5장, 채 썬 파프리카 1개,
채 썬 오이 1/2개, 장식용 소시지와 검은깨

 ## 필요한 도구

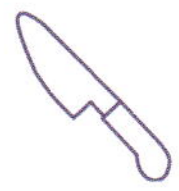

도마   칼   접시

재료 구입처 및 요리시 주의 사항   • 색깔 무쌈은 대형 할인 1팩(350g)기준 1,200~1,500원에 구입이 가능 하다.

 ## 수업 진행 방법

• 공작사진을 보여 주고 공작에 대해 관찰한다.

• 무쌈의 동그라미 모형에 대해 알아본다.

• 무쌈을 만든 후 큰 접시에 조별로 창의적인 공작을 만들어 본다.

만드는 순서

01

02

03

04

05

06

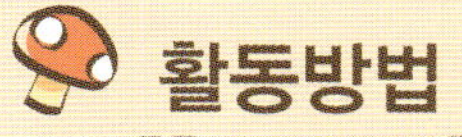

활동방법

❶ 준비된 재료를 보며 어떤 색깔이 있는지 이야기 한다.
- 여기 있는 재료들은 어떤 색이 있니?
- 이런 여러 가지 색을 이용해서 멋진 요리를 만들 수 있을까?
- 이 재료들 중에 너희들이 먹어 본 재료는 무엇이 있니?
- 그럼 이런 재료로 무엇을 만들면 좋을까?

❷ 공작그림을 보여준다.
- 너희들 공작이라는 새를 본적이 있니?
- 공작의 꼬리는 어떻게 생겼을까?
- 오늘은 이 재료로 공작을 만들어 보도록 한다.

❸ 준비된 재료를 소개하고 만드는 방법을 설명한다.
- 여기 준비된 동그란 것은 무엇일까? (쌈무)
- 이 쌈무를 먹어본 적이 있니? 어떻게 먹었었니?

❹ 쌈무에 재료들을 넣고 각자 싸본다.
- 여러 가지 재료들을 넣고 각자 예쁜 쌈을 만들어 보자.
- 다 만든 쌈들은 모아 놓도록 하자.

❺ 준비된 무쌈을 큰 접시에 공작모양으로 만들어 본다.
- 각 모듬별로 공작을 만들어 보도록 하자.
- 어떤 공작이 되었는지 살펴볼까?

❻ 다 완성이 된 후 다른 팀의 공작과 비교해 볼 수 있다.
- 각 모듬별로 공작을 만들어 보도록 하자.
- 어떤 공작이 되었는지 살펴볼까?

❼ 각자 접시에 담아 간식으로 먹는다.

요리시작

01
공작 무쌈 재료를 준비 한다.

02
맛살은 찢어주고 햄은 반으로
잘라준다.

03
쌈무에 햄, 맛살, 파프리카,
오이를 넣고 돌돌 말아 준다.

04 접시에 말아 놓은 쌈무를
날개처럼 펼쳐 담는다.

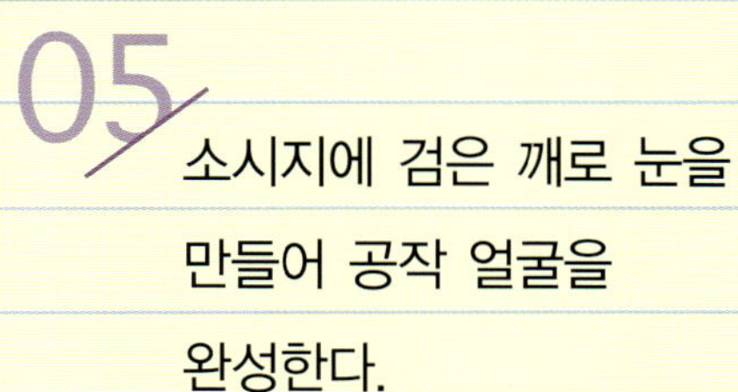

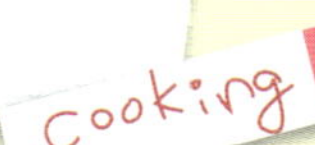

05 소시지에 검은 깨로 눈을
만들어 공작 얼굴을
완성한다.

06 공작모양의 무쌈을 만들어
완성한다.

cooking

활동목표

- 거북선에 대해 알아보고 관찰 후 요리를 한다.
- 요리를 '섞는다' '자르다' 라는 언어의 개념을 안다.
- 나누는 개념을 안다.
- 꼬치에 꽂으면서 손과 눈의 협응력을 키운다.

 ## 필요한 재료

밥 1공기, 김밥김 3장, 단무지 3줄, 김밥 햄 3줄, 맛살 1개, 소금,
깨소금, 참기름 조금씩, 장식용 (당근, 오렌지)

 ## 필요한 도구

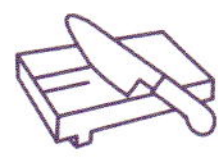            

| 도마, 칼 | 접시 | 볼 | 숟가락 | 이쑤시개 |

재료 구입처 및 요리시 주의 사항 • 깃발 꼬치는 대형 할인 마트에서 구입 가능하며 꼬치에 김밥을 꽂을 때 다치치
않도록 주의한다.

 ## 수업 진행 방법

- 거북선에 대해 이야기 나눈다.
- 밥에 간을 하면서 '섞는다'의 개념을 안다.
- 김에 밥을 평평하게 할 때 분수의 개념을 안다.
- 김에 밥을 1/3 정도 놓고 평평하게 펴준다.
- 김밥을 만들고 자를 때 나누는 개념을 안다.
- 김밥을 꼬치에 하나씩 꽂는다.

01 

02 

03  

04 

05 

06 

활동방법

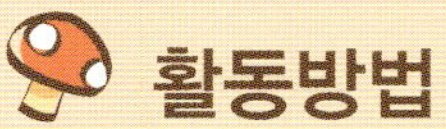

❶ 거북선의 그림을 보여주며 거북선의 생김새 및 용도에 대해서 이야기 한다.

- 이런 그림을 본 적이 있니? 이건 무슨 그림일까?
- 무엇을 할 때 쓰던 거지?

❷ 김밥 만들 재료를 보여 주고 설명한다.

- 이 재료로는 무엇을 만들 수 있을까?
- 그래 김밥을 만들어서 거북선처럼 꾸며보자.

❸ 준비된 재료를 소개하고 김밥을 만들어 본다.

- 준비된 재료를 넣고 각자 김밥을 만들어 보자.
- 다 만든 김밥은 선생님이 잘라줄게.

❹ 자른 김밥에 꼬치를 꽂도록 한다.

- 김밥위에 꼬치를 꽂아보자. 거북선의 등도 뾰족하게 되어있지?
- 이제 모듬별로 멋지게 거북선을 꾸며 보자.

❺ 완성한 거북선을 모두 함께 감상 해 본다.

- 멋진 거북선이 완성 되었구나.

❻ 접시에 담아 간식으로 먹는다.

01

꼬마김밥 거북선 재료를
준비한다.

02

단무지, 햄은 1/2크기로
자르고 밥에 소금, 깨소금,
참기름을 넣고 섞는다.

03

1/2로 자른 김에 밥을 놓고
평평하게 해준다.

평평하게 만든 밥 위에
단무지, 햄, 찢은 맛살을
넣고 돌돌 말아 준다.

05

김밥을 자른 후 꼬치에
각각 꽂은 후 거북선 노로
꾸며준다.

06

당근으로 거북선 머리를
만들어 완성한다.

cooking

꽃밭 주먹밥

활동목표

- 여러가지 꽃에 대해 안다.
- 요리를 통해 다양한 도형에 대해 안다.
- 창의력 있게 꽃을 만들어 본다.

 ## 필요한 재료

밥2공기, 다진 당근, 다진 고기, 다진 오이, 다진 양파, 소금, 후추,
버터, 장식용 (오이, 방울토마토, 당근, 김)

필요한 도구

  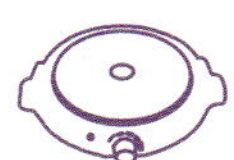   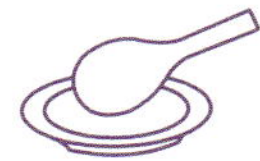 

도마, 칼　　핫플레이트　　프라이팬　　볼, 숟가락　　접시, 나무주걱　　주먹밥 틀

재료 구입처 및 요리시 주의 사항
- 밥을 틀에 담을 때 꾹꾹 눌러 주먹밥의 형태가 변하지 않도록 한다.
- 야채와 고기를 볶을 때 유아가 다치지 않도록 주의 한다.

수업 진행 방법

- 여러 종류의 꽃에 대해 이야기를 나눈다.
- 유아가 좋아하는 꽃에 대해 이야기 나눈다.
- 다양한 주먹밥틀 모형에 대해 안다.
- 야채와 고기를 볶으면서 다양한 소리를 듣고 표현한다.
- 주먹밥을 만든 후 다양하게 꽃을 만들어 본다.

01 

02 

03 

04

05

06

활동방법

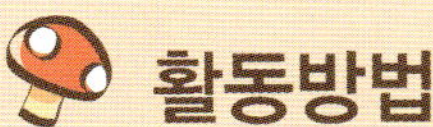

❶ 여러 가지 꽃들에 대해서 이야기를 한다.

- 너희들은 어떤 꽃들을 보았니?
- 무슨 색이었지? 어떻게 생겼는지 기억 할 수 있니?

❷ 주먹밥을 이용해서 꽃밭을 꾸며 볼 수 있도록 한다.

- 여기 있는 재료들로는 무엇을 만들 수 있을까?
- 여러 가지 모양의 주먹밥으로 꽃밭을 만들어 보도록 하자.

❸ 준비된 재료들을 볶아 준다.

- 여기 있는 재료는 익혀야 되니까 프라이팬에 볶도록 하자.
- 이제 재료가 식었으니까 각자 주먹밥을 만들어 볼까?

❹ 주먹밥틀을 이용해서 주먹밥을 만들어 본다.

- 각자 만든 주먹밥은 장식을 할 수 있도록 모아 놓도록 하자.

❺ 준비된 주먹밥은 큰 접시에 담아 꽃밭으로 꾸민다.

- 이제 주먹밥 주위를 여러 가지 재료로 꽃밭을 꾸며보자.
- 어떤 꽃을 만들 수 있을까?

❻ 완성된 꽃밭은 서로 감상 하도록 한다.

❼ 각자 접시에 담아 간식으로 먹는다.

꽃밭 주먹밥

01
꽃밭 주먹밥 재료를 준비한다.

02
프라이팬에 버트를 두른 후
다진 당근, 고기, 오이, 양파를
볶아 준다.

03
볶아둔 재료와 밥을 섞은 후
소금으로 간을 한다.

주먹밥 틀에 밥을 넣어
네모, 세모, 동그라미등
모양 주먹밥을 만든다.

05

큰 접시에 만든
주먹밥을 올려놓고
당근으로 장식한다.

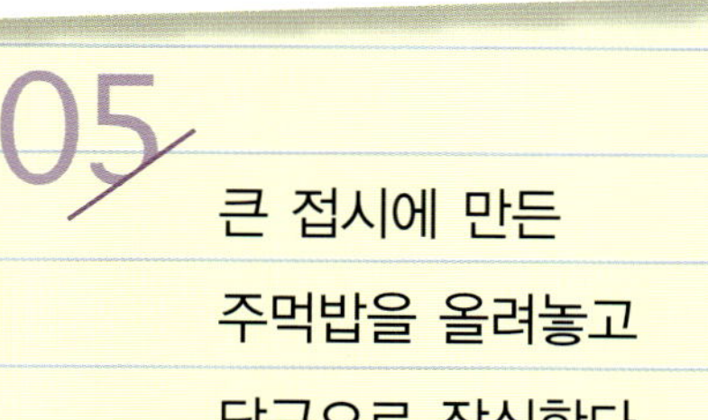

06

과일을 이용해 꽃밭으로
꾸며 완성한다.

cooking

나의집
샌드위치

활동목표

- 순서와 규칙을 안다.
- 창의력 있게 집을 만들어 본다.

 ## 필요한 재료

흰 식빵 1장, 잡곡식빵 1장, 슬라이스 치즈 1장, 슬라이스 햄 1장, 피클 4개,
참치 1큰술, 마요네즈 조금, 케첩 조금, 장식용 (당근, 방울토마토, 오이)

 ## 필요한 도구

| 도마 | 칼 | 접시 | 숟가락 |

재료 구입처 및 요리시 주의 사항 • 잡곡식빵은 대형 할인마트 빵집이나 빵코너에서 구입 가능하다.

수업 진행 방법

- 식빵의 느낌, 냄새, 모양 등을 관찰한다.
- 샌드위치를 만들 때 순서를 정해 만든다.
- 네모 식빵을 3개의 삼각형으로 만든다.
- 삼각형을 합쳐 네모로 만들고 다른 삼각형으로 지붕을 만든다.
- 자신만의 집을 꾸며 본다.

01 ▶

02 ▶

03 ▶

04 ▶

05 ▶

06 ▶

🍄 **활동방법**

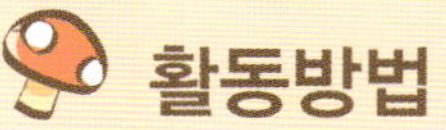

❶ 준비된 재료를 보고 어떤 요리를 만들수 있을지 이야기 한다.

- 이 재료로 무엇을 만들 수 있을까?
- 이 재료를 어떻게 해서 먹어 보았니?

❷ 다양한 집모양 그림을 보여주고 만들 수 있을지 이야기 한다.

- 샌드위치를 만든 후 그것으로 집을 만들 수 있을까?

❸ 샌드위치를 순서대로 만들어 본다.

- 각자 준비된 재료로 샌드위치를 만들어 보자.
- 다 만든 샌드위치는 어떤 집을 만들지 생각하고 자르도록 하자.

❹ 자른 샌드위치를 접시에 담아 다양한 모양의 집으로 꾸민다.

- 각 샌드위치로 각자 자신의 집을 만들어 보자.

❺ 완성된 집은 서로 감상 하도록 한다.

❻ 각자 접시에 담아 간식으로 먹는다.

01

나의 집 샌드위치 재료를
준비한다.

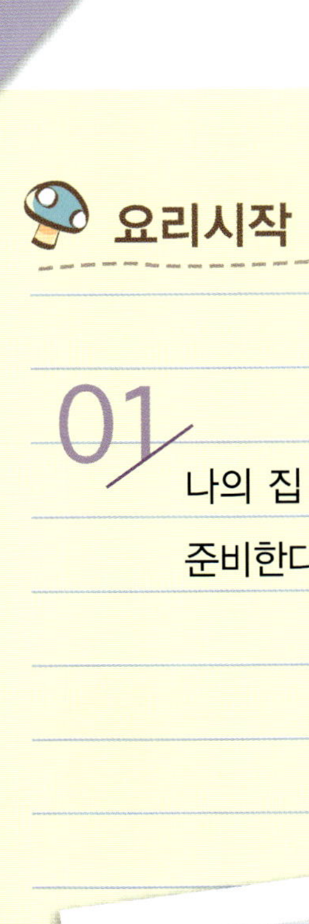

02

각 식빵에 마요네즈를, 잡곡
식빵에는 케첩을 바른다.

03

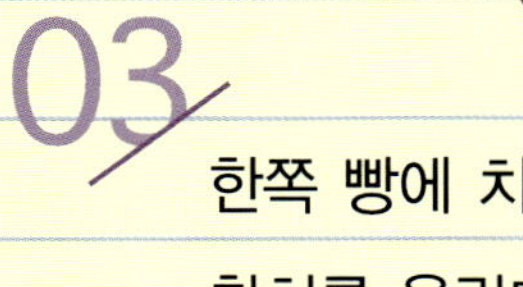

한쪽 빵에 치즈, 햄, 피클,
참치를 올린다.

04

다른 한 장의 식빵을 덮은 후
10초간 눌러준다.

05

식빵을 세모로 자른 후
잘라진 세모를 다시 작은
세모 2개로 자른다.

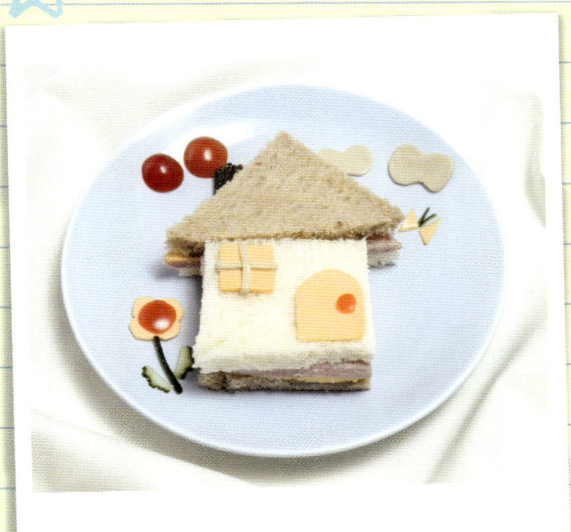

06

자른 식빵으로 집 모양을
만든 후 꾸며준다.

cooking

5 발명과 발견

식빵 자동차

쿨 파스타

활동목표

- 주변의 탈것에 대해 안다.
- 다양한 식재료와 이름을 안다.
- 창의력 있게 자동차를 꾸민다.

필요한 재료

사각식빵, 삶은 파스카 1컵, 수제 소시지 1개, 삶은 브로콜리, 방울토마토,
옥수수 콘, 스파게티 소스 1/2컵, 장식용 (당근, 오이, 파슬리)

필요한 도구

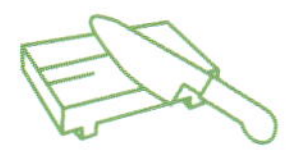   

도마, 칼　　**접시, 숟가락**　　**볼**　　**이쑤시개**

재료 구입처 및 요리시 주의 사항

- 다양한 파스타는 인터넷 외국 식재상이나 대형 할인마트에서 구입이가능하다.
- 곰돌이, 하트, 알파벳 모양이나 바퀴 모양 등 다양한 모양의 파스타를 구입 할 수 있다.
- 파스타를 삶고 물기를 뺀 후 올리브 오일에 버무려 준비 한다. 파스타는 국수처럼
  찬물에 헹구면 안 된다.

수업 진행 방법

- 주변의 탈것에 대해 이야기를 나눈다.
- 요리에 필요한 식재료의 이름을 안다.
- 여러종의 파스타를 알아보고, 삶기 전과 후의 파스타의 느낌을 표현한다.
- 자동차를 창의력 있게 자동차를 만든다.

🍄 활동방법

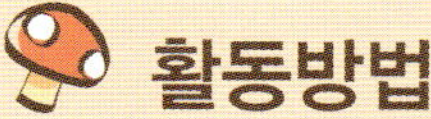

① 준비된 재료를 보고 어떤 요리를 만들 수 있을지 이야기 한다.

- 이 재료로 무엇을 만들 수 있을까?
- 이 재료를 만져볼까? 어떤 느낌이니? (삶기 전, 후의 파스타)

② 식빵의 속을 파고 그 속을 어떻게 해야 할지 이야기 한다.

- 식빵의 속을 파낼 거야. 그럼 이 속에는 무엇을 넣으면 좋을까?

③ 식빵 속에 넣을 파스타를 소개 한다.

- 파스타와 다른 재료들을 넣고 섞을 거야.
- 그런데 무엇을 넣고 함께 섞으면 좋을까?

④ 식빵 속에 파스타를 넣고 자동차로 꾸민다.

- 식빵으로 무엇을 만들 수 있을까?
- 짐을 가득 실은 자동차로 만들어 볼까?
- 자동차가 되려면 무엇이 더 필요할까?

⑤ 완성된 자동차를 감상한다.

⑥ 각자 접시에 담아 간식으로 먹는다.

 요리시작

01
식빵 자동차 쿨 파스타 재료를
준비한다.

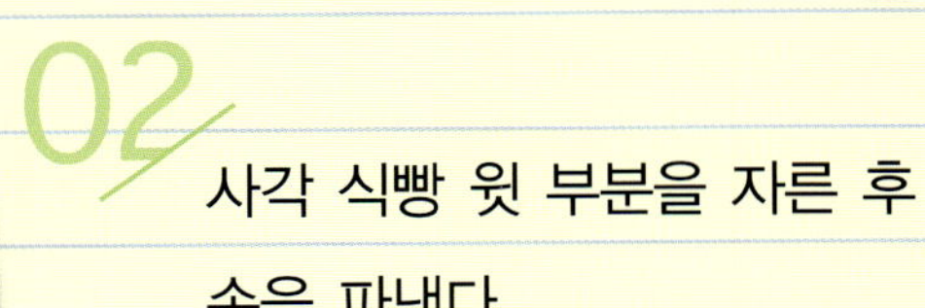

02
사각 식빵 윗 부분을 자른 후
속을 파낸다.

03
소시지, 브로콜리, 방울
토마토를 먹기 좋게 자른다.

04

볼에 삶은 파스타, 소시지,
브로콜리, 방울토마토, 옥수수
스파게티 소스를 넣고 섞는다.

05

속을 파낸 식빵에 쿨 파스타를
담고 과일로 바퀴를 만든다.

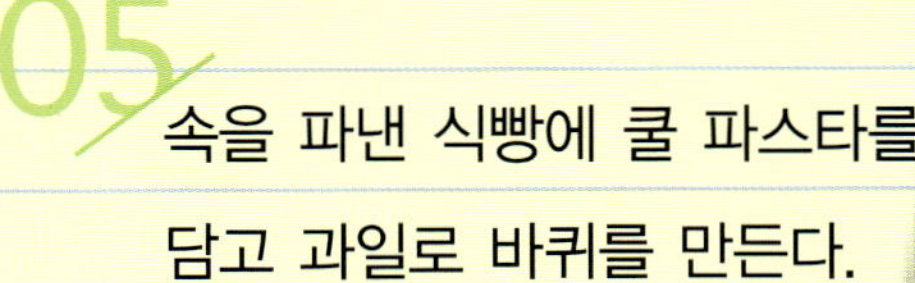

06

장식용 재료를 이용해
자동차를 꾸며 완성한다.

cooking

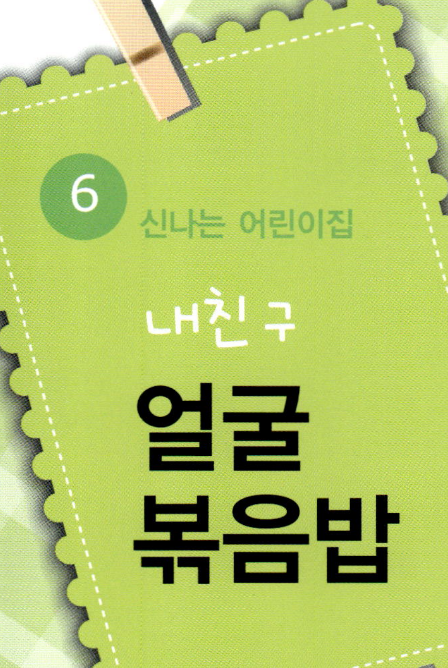

내 친구

얼굴
볶음밥

활동목표

- 친구에 대해 관심을 갖는다.
- 다양한 느낌을 표현 한다.
- 얼굴의 생김새를 안다.

 ## 필요한 재료

밥 1공기, 수제 소시지 1개, 다진 피망 2큰술, 다진 당근 2큰술, 다진 양파 2큰술, 깨소금, 소금, 후추, 버터 조금씩, 장식용 (방울토마토, 피클, 김, 브로콜리, 치즈, 소시지)

 ## 필요한 도구

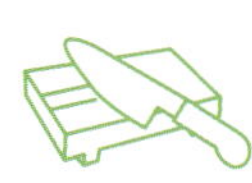   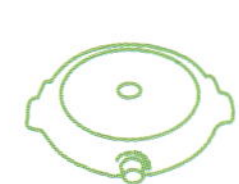   

| 도마, 칼 | 접시 | 볼, 숟가락 | 핫플레이트 | 프라이팬 | 나무주걱 | 비닐장갑 |

재료 구입처 및 요리시 주의 사항
- 볶음밥을 만든 후 밥을 식힌 후 뭉쳐 준다.
- 유아의 손이 작아 뭉치기 힘들다면 작은 밥공기에 밥을 꾹꾹 눌러 뒤집어 반구 모양으로 만들어도 된다.

 ## 수업 진행 방법

- 좋아하는 친구를 생각한 후 친구의 얼굴을 관찰 한다.
- 버터의 변화 과정을 관찰 한다.
- 볶은 밥을 만져 보며 느낌을 표현 한다.
- 친구의 얼굴 생김새를 표현 한다.

  (친구의 얼굴 이외에 가족이나 자신의 얼굴을 표현해도 좋다.)

01 

02 

03 

04 

05 

06 

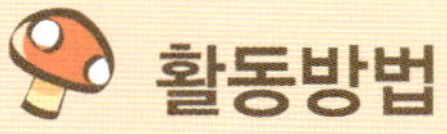 🍄 **활동방법**

❶ 친구의 얼굴을 보고 어떻게 생겼는지 관찰 한다.

- 옆의 친구의 얼굴을 살펴 보자.
- 어떻게 생겼니? 특별한 점을 찾을 수 있겠니?
- 그림으로 그리거나 꾸밀 수 있을까?

❷ 준비된 재료를 보여주고 어떤 요리를 할 지 추측 해 보도록 한다.

- 여기 재료로 할 수 있는 요리는 무엇일까?
- 이 재료로 친구의 얼굴을 만들 수 있을까?

❸ 재료를 볶아 꾸밀 수 있도록 준비 해 준다.

- 이 재료는 모두 익혀야 하니까 프라이팬에 볶도록 하자.
- 볶은 재료는 너희들이 잘 섞어 볼 수 있겠지?

❹ 접시에 담아 친구의 얼굴을 꾸민다.

- 이 볶음밥은 누구의 얼굴로 만들어 볼까?
- 다 함께 친구의 얼굴을 꾸며 보자

❺ 완성된 얼굴을 감상하며 누구의 얼굴인지 맞춰 보도록 한다.

❻ 각자 접시에 담아 간식으로 먹는다.

01
내 친구 얼굴 볶음밥 재료를
준비한다.

02 소시지를 작게 자른다.

03 달구어진 프라이팬에 버터를
녹인다.

04

다진 피망, 당근, 양파,
소시지를 넣고 볶다가
깨소금과 소금으로 간을 한다.

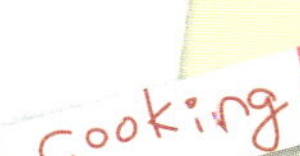

05

접시에 밥을 동글 납작하게
담은 후 눈, 코, 입을 꾸민다.

06

준비된 장식용 재료로
얼굴을 꾸며 완성한다.

cooking

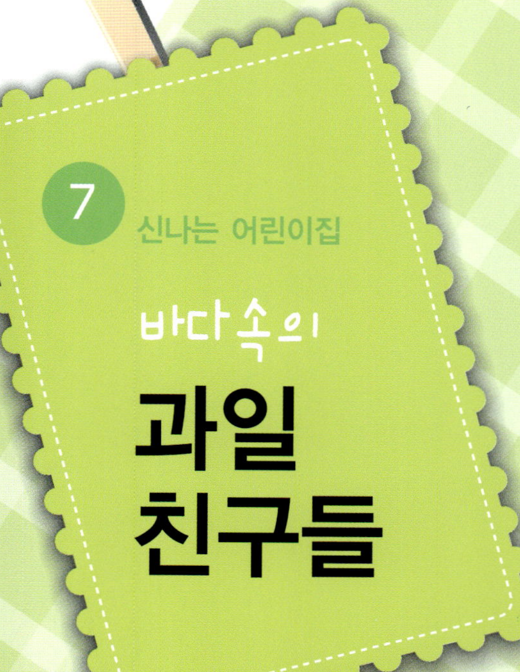

바다속의 과일 친구들

 **활동목표**

- 다양한 과일에 대해 안다.
- 다양한 과일의 색깔에 대해 안다.
- 바다 속을 상상해 본다.

필요한 재료

사이다 2컵, 파인애플 1쪽, 키위 1개, 포도 4알, 딸기 1쪽, 배1/4개,
장식용 (얼음, 푸른색 음료)

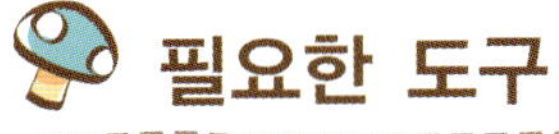

필요한 도구

도마   **칼**   **물고기 쿠키커터**

재료 구입처 및 요리시 주의 사항
- 물고기 쿠키커터는 제과 제빵 용품 파는 곳이나 인터넷 사이트에서 구입이 가능하다.
- 음료는 시원하게 냉장고에 보관 후 사용하고 먹기 전에 얼음을 넣는다.

수업 진행 방법

- 다양한 과일 이름, 모양, 냄새, 색깔 씨 등을 관찰한다.
- 바다 속을 상상한다.
- 과일을 넣을 때 과일 색깔별로 넣으며 분류를 한다.
- 요리 완성 후 낚시 하듯이 과일과 국물을 건져 그릇에 담는다.

01

02

03

04

05

06

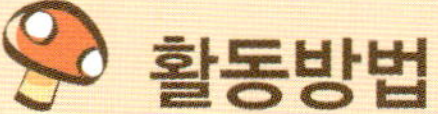 **활동방법**

❶ 다양한 과일을 보고 어떤 과일인지 이야기 한다.

- 여기 있는 과일의 이름을 알고 있니?
- 이것 이외에 어떤 과일이 있을까?

❷ 과일을 먹는 여러 가지 방법에 대해서 이야기 한다.

- 과일을 어떻게 먹을 수 있을까?
- 좀 더 맛있게 먹을 수 있는 방법이 있을까?

❸ 사이다 바다와 내용물을 만들어 본다.

- 여기는 바다야! 바다는 무슨 색으로 만들면 좋을까?
- 바다 속에는 무엇이 있지?
- 과일로 바다 속을 꾸며 보자.

❹ 완성된 바다 속을 감상 하도록 한다.

❺ 각자 그릇에 담아 간식으로 먹는다.

01

바다 속의 과일친구들 재료를
준비한다.

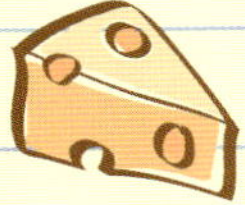

02

파인애플을 먹기 좋게 자른다.

03

키위를 원형으로 자른 후
쿠키커터로 물고기 모양을
찍어낸다.

04

배도 물고기 모양
쿠키커터로 찍는다.

05

그릇에 사이다와 푸른색
음료를 함께 넣은 후
과일과 얼음을 넣는다.

06

바다 속 분위기가 나도록
꾸민 후 완성 한다.

cooking

8 물과 우리생활

시원한 아이스 캔디

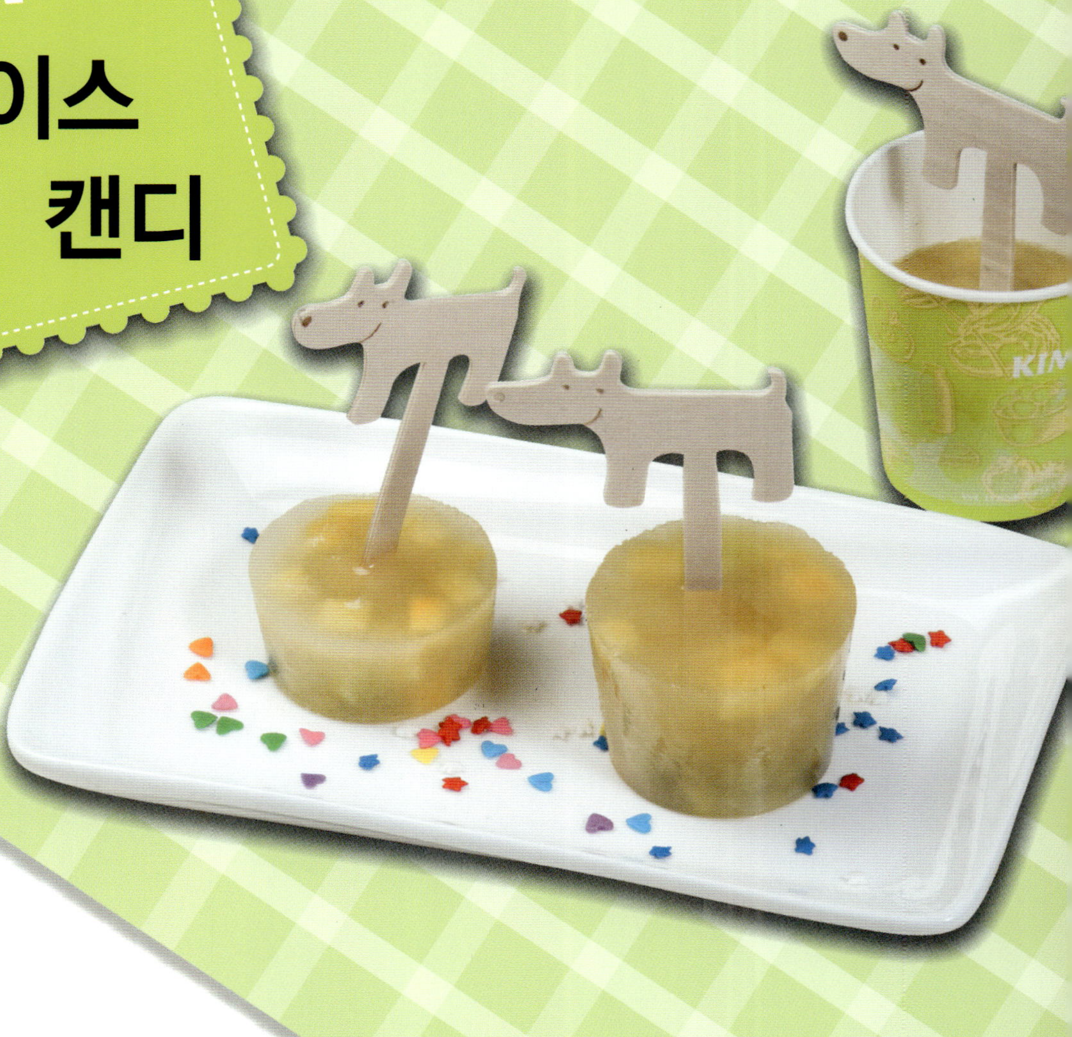

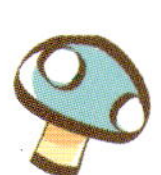

활동목표

- 부피와 양에 대해 안다.
- 많다, 적다의 개념을 안다.
- 액체와 고체의 변화 과정을 안다.

 ## 필요한 재료

키위 1/2개, 파인애플 1/2개, 딸기 1쪽, 파인애플 주스 1컵

 ## 필요한 도구

| 도마 | 칼 | 종이컵 | 나무막대 |

재료 구입처 및 요리시 주의 사항
• 나무 막대가 없으면 나무 젓가락을 사용해도 된다.
• 주스를 담을 때 컵에 가득 담지 말고 1/2정도 담는다.

수업 진행 방법

• 부피와 양의 개념을 안다.

  (부피는 고체를 측정하는 단위이고, 양은 액체를 측정하는 단위이다.)

• 컵에 주스의 양을 다르게 담아 많다, 적다의 개념을 안다.

• 자른 과일을 주스컵에 담으면, 담은 만큼 양이 많아지는 것을 안다.

• 냉동실에 얼린 후 부피의 변화를 관찰한다.

• 주스가 아이스 캔디로 변한 이유를 알아 본다.

01 

02 

03 

04 

05 

06 

활동방법

❶ 더운 여름에 시원하게 먹을 수 있는 음식에 대해 이야기 한다.

- 날씨가 많이 덥지? 이럴 땐 어떤 음식을 먹으면 시원해질까?

❷ 준비된 재료를 보고 어떻게 시원하게 먹을 수 있을지 이야기 한다.

- 이 재료를 시원하게 먹으려면 어떻게 해야 할까?
- 얼음을 만들려면 어떻게 해야 할까?

❸ 준비된 재료를 섞어 컵에 담아 얼린다.

- 어떻게 이 주스가 딱딱한 얼음으로 변하는 걸까?
- 함께 넣은 과일들은 어떻게 될까?

❹ 냉동실에 넣고 얼린 후 일정시간이 지난 후 꺼낸다.

❺ 냉동된 아이스 캔디를 보고 어떻게 모양이 변했는지 이야기 한다.

- 주스는 어떻게 변했니? 과일들은 어떻게 됐지?

❻ 완성된 아이스 캔디는 간식으로 먹는다.

01
시원한 아이스 캔디 재료를
준비한다.

02
과일을 작게 자른다.

03
종이컵에 파인애플 주스를
담는다.

과일을 종이컵에 담아 냉동실에

1~2시간 얼린 후 막대를 꽂고

1~2시간 더 얼려 준다.

종이컵을 찢어

아이스 캔디를 뺀다.

완성된 아이스 캔디를

맛있게 먹는다.

cooking

9 봄꽃과 채소

줄줄이 기차

오이
스터프트

활동목표

- 오이와 파프리카를 관찰한다.
- 길이와 둘레를 안다.

 ## 필요한 재료

오이 1개, 크래미 2개, 파프리카, 옥수수콘 3큰술, 마요네즈 2큰술
소금 조금, 장식용 (피클, 슬라이스 치즈, 파슬리, 방울토마토)

필요한 도구

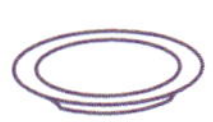

| 도마, 칼 | 접시 | 볼 | 숟가락 | 이쑤시개 |

재료 구입처 및 요리시 주의 사항　•오이 속을 팔 때는 과일 스쿠퍼나 티스푼을 사용하면 좋다.

수업 진행 방법

- 오이와 파프리카의 모양, 촉각, 색깔 등 오이와 파프리카를 관찰한다.
- 여러 개의 오이의 길이와 둘레를 재어 본다.
- 오이의 길이에 따라 오이 자르는 개수를 정한다.
- 오이 스터프트를 만든 후 기차를 만든다.
- 유아가 다양한 기차를 만들 수 있도록 한다.

01 

02 

03 

04 

05 

06 

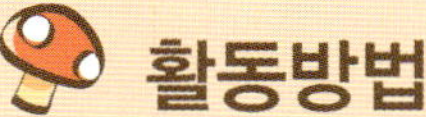 활동방법

❶ 오이에 대해 함께 이야기 한다.

- 오이처럼 긴 것을 보면 무엇이 생각나니?
- 이 오이로 무엇을 만들 수 있을까?

❷ 오이로 기차 만드는 방법을 소개 한다.

- 오이로 기차를 만들려면 어떻게 해야 할까?
- 이건 속을 파낸 건데 이 속에는 무엇을 넣으면 좋을까?

❸ 오이 속에 넣을 재료를 소개 한다.

- 오이 속에 넣을 재료를 섞어 볼 수 있을까?

❹ 속을 넣은 오이를 접시에 담고 기차로 꾸며 보도록 한다.

- 기차를 만들려면 무엇이 필요할까?
- 연결 하려면 어떻게 해야 할까?

❺ 완성된 기차는 함께 감상 하도록 한다.

❻ 각자 접시에 담아 간식으로 먹는다.

01
줄줄이 기차 오이 스터프트
재료를 준비한다.

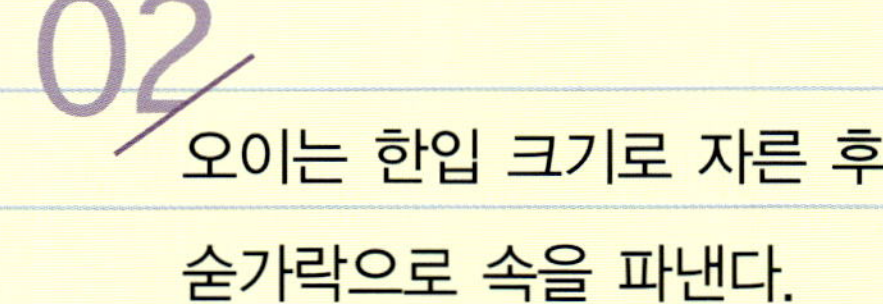

02
오이는 한입 크기로 자른 후
숟가락으로 속을 파낸다.

03
파프리카는 칼로 자르고
크래미는 손으로 찢는다.

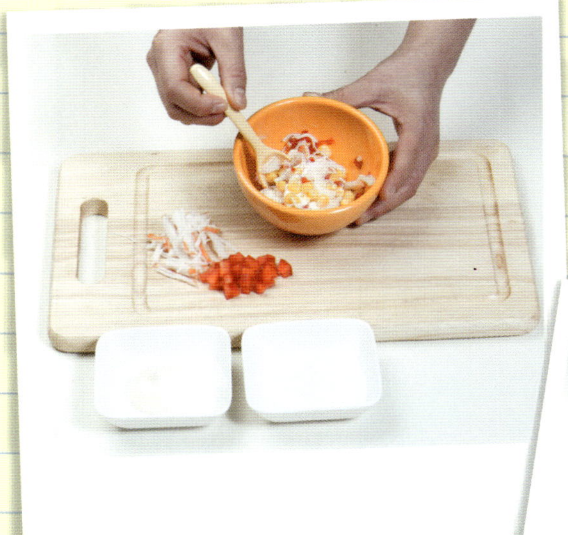

04

볼에 옥수수콘, 찢은 크래미,
자른 파프리카, 소금,
마요네즈를 넣어 섞는다.

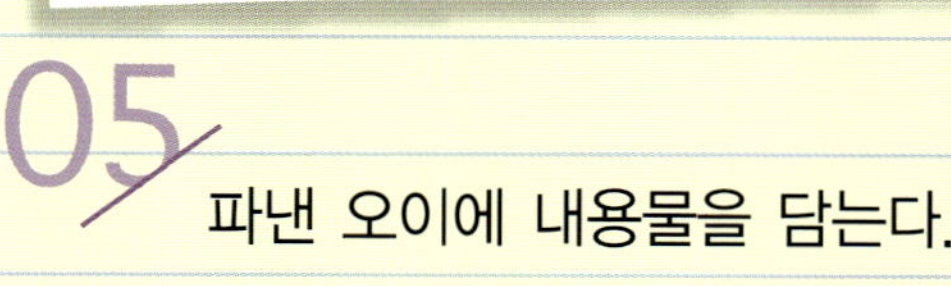

05

파낸 오이에 내용물을 담는다.

06

피클을 이용해 바퀴를
달고 장식 재료를 이용해
꾸민 후 완성한다.

cooking

10 초등학교에 가요

한입에 쏙 에그 카나페

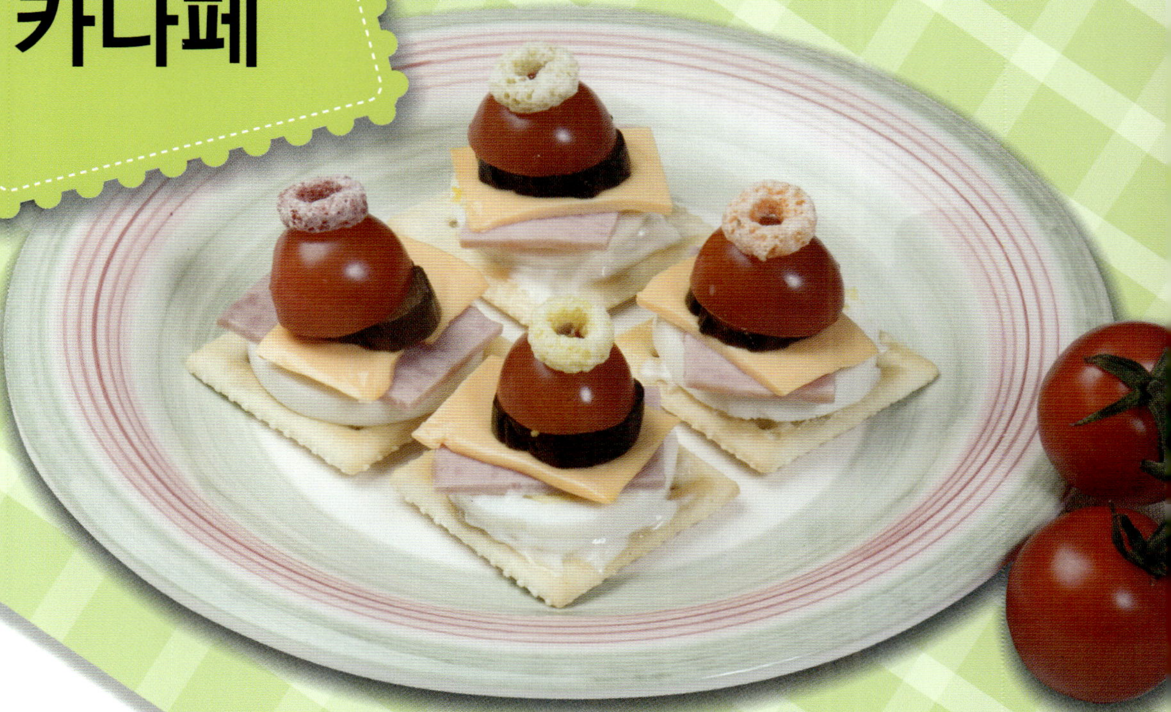

활동목표

- 물질의 변화에 대해 안다.
- 시간의 개념을 안다.
- 순서와 규칙에 대해 안다.
- 크다, 작다의 개념을 안다.

 ## 필요한 재료

크래커 6개, 삶은 달걀 1개, 슬라이스 치즈, 햄 1장씩, 방울토마토 3개,
피클, 마요네즈 조금, 장식용 (시리얼)

 ## 필요한 도구

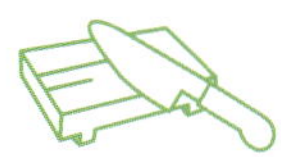 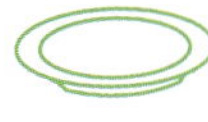  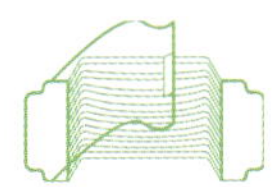

도마, 칼　　　　접시　　　　숟가락　　　달걀 슬라이기

재료 구입처 및 요리시 주의 사항　• 달걀을 삶을 때는 냄비에 달걀과 식초, 소금을 넣어 중간 불에 12~15분 정도 삶아
찬물에 담가 껍질을 벗긴다.

 ## 수업 진행 방법

- 삶은 시간에 따라 달걀 변화 과정을 안다.
- 삶은 달걀과 생달걀의 구별법을 안다.
- 카나페를 순서와 규칙을 정해 만든다.
- 카나페를 두 접시에 개수가 다르게 담아 크다, 적다의 개념을 안다.

01

02

03

04

05

06

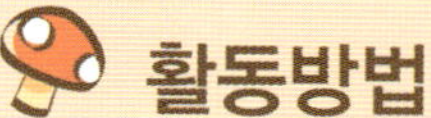 활동방법

❶ 준비된 재료를 보여주고 어떤 요리를 만들 수 있을지 이야기 한다.

- 이 재료로 만들 수 있는 음식은 무엇이 있을까?
- 어떤 요리를 먹어 보았니?

❷ 여러 가지 요리를 함께 먹을 수 있는 방법에 대해 이야기 한다.

- 이 재료를 한꺼번에 먹으려면 어떻게 해야 할까?
- 재료를 순서대로 올려서 먹을 수 있을까?

❸ 카나페를 만들 재료를 소개 한다.

- 정해진 순서대로 만들어 볼까?
- 마음대로 만들어 볼까?

❹ 완성된 카나페는 접시에 담아 장식 한다.

❺ 각자 접시에 담아 간식으로 먹는다.

01
한입에 쏙 에그 카나페
재료를 준비한다.

02
삶은 달걀을 달걀
슬라이스를 이용해 자른다.

03
치즈, 햄, 피클, 토마토를
크래커의 개수에 맞게
잘라 준다.

04

크래커에 마요네즈를
바른다.

05

크래커 위에 달걀, 햄,
치즈, 피클, 방울토마토
순으로 얹는다.

06

시리얼로 장식하여
완성한다.

cooking

나의 몸

감자
샐러드

활동목표

- 신체 기관에 대해 관심을 갖는다.
- 나에 대해 안다.

 ## 필요한 재료

찐 감자 1개, 마요네즈 2큰술, 생크림 2큰술, 소금 조금
장식용 (슬라이스 치즈, 방울토마토, 피클, 건포도, 파슬리)

 ## 필요한 도구

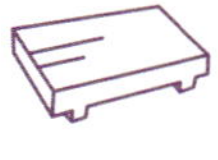    

| 도마 | 칼 | 볼 | 숟가락 | 포테이토 매셔
(감자 으깨는 도구) |

재료 구입처 및 요리시 주의 사항

- 포테이토 매셔는 대형할인 마트에서 구입이 가능하며 없을 경우 포크를 사용해도 된다.
- 생크림은 무가당을 사용하며 대형 할인 마트 유제품 코너에 구입 가능하다.
- 감자를 삶을 때 물을 많이 넣어 삶으면 생크림 양을 적게 넣는다.

🍄 수업 진행 방법

- 자신의 몸이나 친구의 몸을 관찰 한다.
- 삶기 전 감자와 삶은 후 감자를 비교해 본다.
- 감자 샐러드 만든 후 자신의 몸을 만든다.
- 요리를 만든 후 감자 샐러드로 만든 자신의 몸을 유아가 설명 할 수 있도록 한다.

01 

02 

03 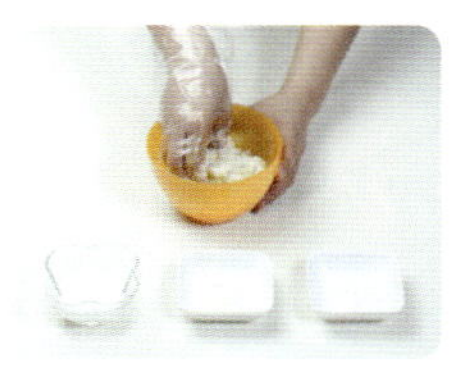

04 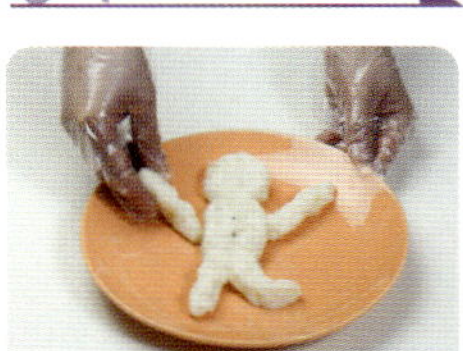

05 

06 

🍄 **활동방법**

❶ 감자를 보여주고 어떤 음식을 만들 수 있을 지 이야기 한다.

- 이건 뭘까?
- 감자로 만들 수 있는 음식은 또 무엇이 있을까?

❷ 준비된 재료를 보여주고 어떤 요리를 할 지 추측해 본다.

- 이 재료를 섞어서 요리를 할 수 있을까?
- 잘 섞게 하려면 감자를 어떻게 해야 할까?

❸ 으깬 감자로 신체를 꾸며본다.

- 으깬 감자를 이용해서 우리 몸을 만들 수 있을까?
- 사람 모양을 만들고 여러 가지 재료로 꾸밀 수 있겠지?

❹ 완성된 모습이 누구를 닮았는지 함께 이야기 해 보도록 한다.

❺ 각자 접시에 담아 간식으로 먹는다.

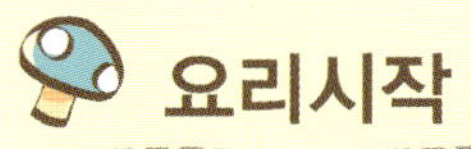 **요리시작**

01
나의 몸 감자 샐러드 재료를
준비한다.

02 감자는 껍질을 벗겨 으깨어 준다.

03
으깬 감자에 마요네즈,
생크림, 소금을 넣고 섞는다.

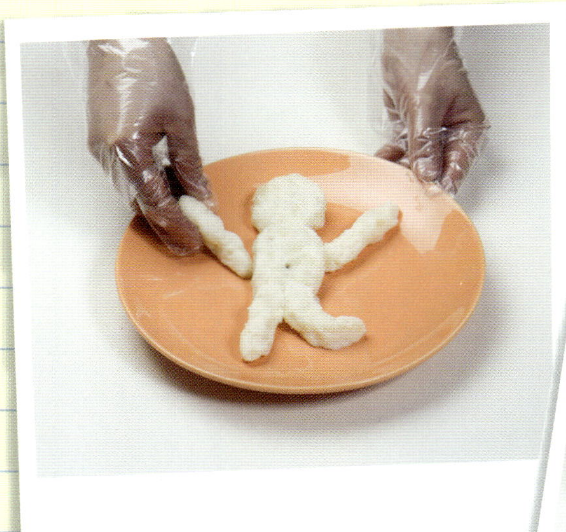

04

섞은 감자로 머리, 몸, 팔, 다리를 만든다.

05

치즈로 옷을, 건포도로 얼굴을 꾸민다.

06

피클로 머리를 만들고 장식하여 완성한다.

cooking

12 나무와 숲

과일

시리얼 샐러드

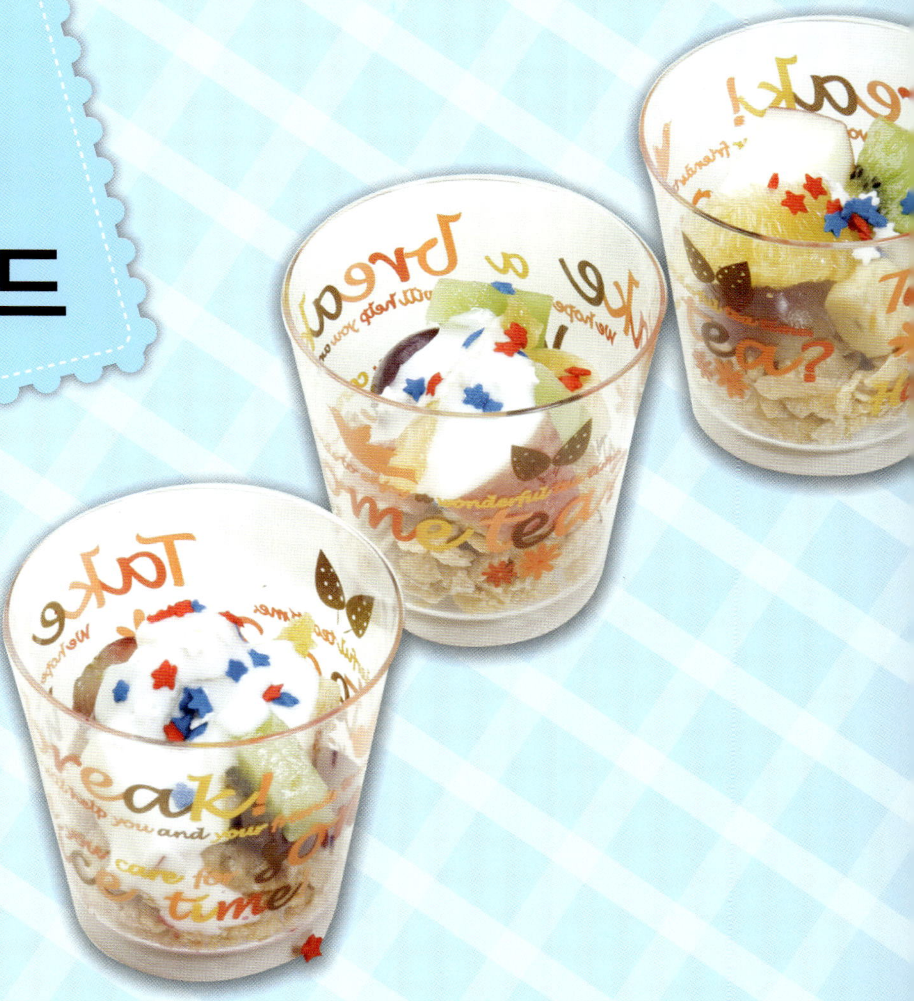

활동목표

- 무게에 대해 알고 비교 한다.
- 다양한 과일의 맛을 알아본다.
- 더하기, 빼기에 대해 안다.

 ## 필요한 재료

사과 1/4개, 오렌지 1/4개, 포도 5알, 키위 1/2개, 몽키 바나나 1개,
시리얼 1/4컵, 요거트 3~4큰술

 ## 필요한 도구

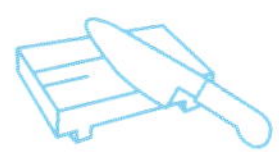  

칼, 도마　　　**볼**　　　**숟가락**

재료 구입처 및 요리시 주의 사항　　• 요거트는 떠먹는 요구르트를 사용하면 된다.

수업 진행 방법

- 다양한 과일을 저울에 달아 보면서 무게를 비교해 본다.
- 과일의 맛을 알아본다.
- 과일을 자르면서 많다, 적다의 개념이나 더하기, 빼기의 개념을 안다.
- 두 접시에 자른 과일을 한 접시에는 3개, 한 접시에는 5개 담아
  크다, 작다의 개념을 안다.

01

02

03

04

05

06

🍄 **활동방법**

❶ 여러 가지 과일에 대해서 이야기 한다.

- 이 과일을 먹어 본 적이 있니? 어떤 맛이었니?
- 이 과일은 어떻게 먹으면 좋을까?

❷ 준비된 재료를 함께 먹을 수 있는 방법에 대해 이야기 한다.

- 이 재료는 어떻게 먹을 수 있지?

❸ 준비된 재료를 먹기 좋게 담는다.

- 이 재료를 함께 먹으려면 어떻게 하면 좋을까?
- 컵에 먹기 좋게 담아볼까?

❹ 크기와 양을 비교해 보도록 한다.

❺ 완성된 샐러드는 간식으로 먹는다.

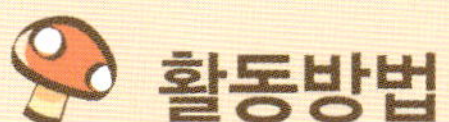

01 과일 시리얼 샐러드 재료를
준비한다.

02 준비된 과일을 먹기 좋게
잘라 준다.

03 컵에 시리얼을 담는다.

04

시리얼 담을 컵에
색깔별로 과일을 담는다.

05

요거트를 뿌린다.

06

시리얼, 과일 요거트를
섞어 맛있게 먹는다.

cooking

13 나무와 숲

과일 화분

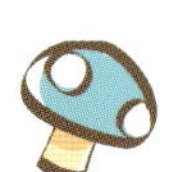

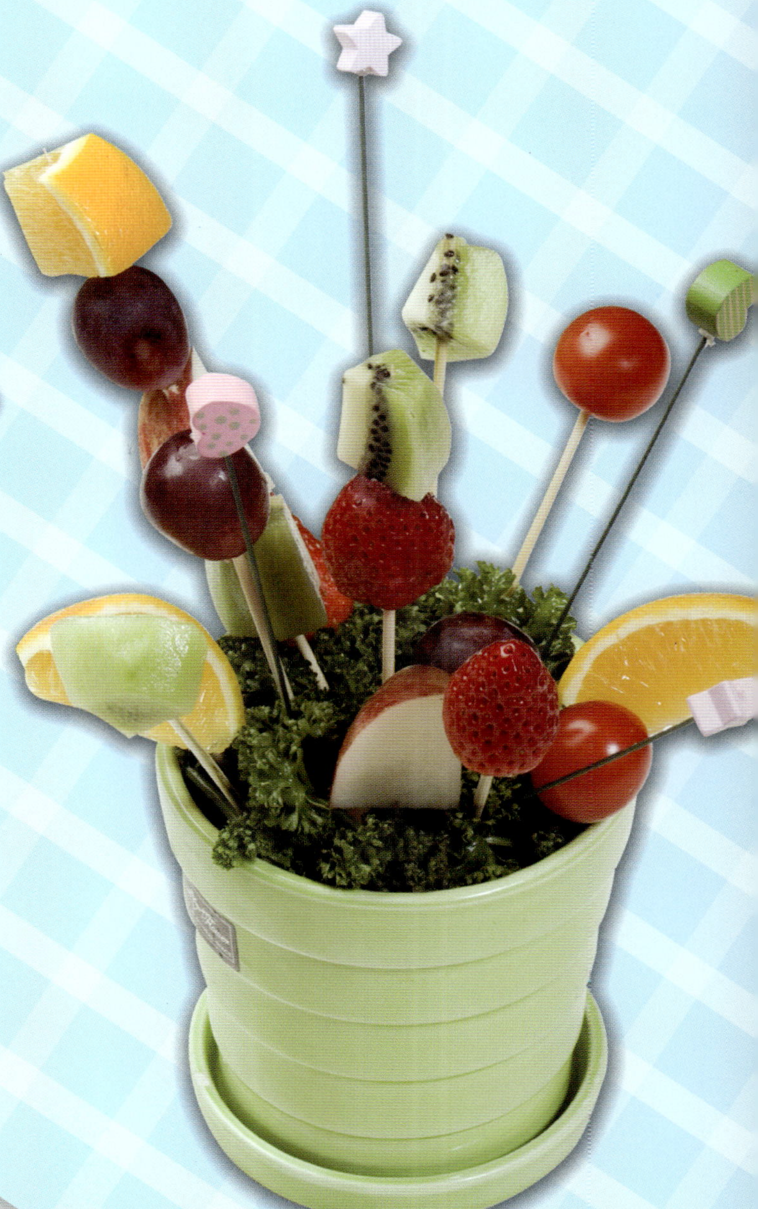

활동목표

- 제철 과일에 대해 알아본다.
- 과일을 자르거나 씹을 때 소리를 듣고 표현 한다.
- 과일의 씨를 관찰한다.

 ## 필요한 재료

사과 1/4개, 오렌지 1/2개, 포도 10알, 키위 1개, 배 1/4개, 딸기 5개,
장식용 (파슬리)

 ## 필요한 도구

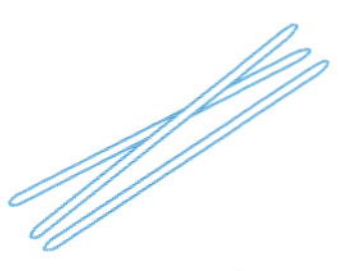

재료 구입처 및 요리시 주의 사항
- 화분은 꽃가게에서 구입이 가능 하며 투명 생과일 컵을 사용해 화분으로 꾸며도 된다.
- 어린 유아가 과일을 꽂을 때는 꼬치에 찔리지 않도록 뽀족한 부분을 자른 후 사용한다.

 ## 수업 진행 방법

- 제철 과일에 대해 이야기 나눈다.
- 과일을 자르거나 먹을 때 소리를 듣고 유아가 표현 할 수 있도록 한다.
- 다양한 과일의 씨를 관찰 한다.
- 과일 화분을 꽂을 때 색깔이나 이름을 말하면 유아가 그 과일이나 색을 찾아 화분에 꽂는다.

01 

02 

03 

04 

05 

06 

🍄 **활동방법**

❶ 여러 가지 과일에 대해서 이야기 한다.

- 이 과일을 먹어 본적이 있니? 어떤 맛이 나니?
- 이 과일은 어떻게 먹으면 좋을까?

❷ 준비된 재료를 보여주고 함께 썰어 보도록 한다.

- 이 재료를 잘라볼 수 있겠니?
- 자를 때 느낌이 어떠니?

❸ 준비된 재료를 보기 좋게 색을 구분하여 꼬치에 꽂는다.

- 이 재료를 함께 먹으려면 어떻게 하면 좋을까?
- 컵에 먹기 좋게 담아볼까?

❹ 과일을 예쁘게 꾸며 보도록 한다.

- 꽃이 핀 것처럼 꾸며볼 수 있을까?

❺ 완성된 과일 화분은 간식으로 먹는다.

01

과일 화분 재료를 준비한다.

02

준비된 과일을 먹기 좋은
크기로 자른다.

03

이쑤시개와 꼬치에
색깔별로 과일을 꽂는다.

화분에 반으로 자른
오렌지를 넣고 만들어
놓은 과일 꼬치를 꽂는다.

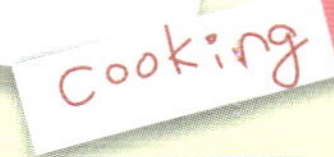

05

파슬리로 오렌지가 보이지
않도록 가린다.

06

과일 화분을 완성한다.

cooking

14 우리나라

알록달록
송 편

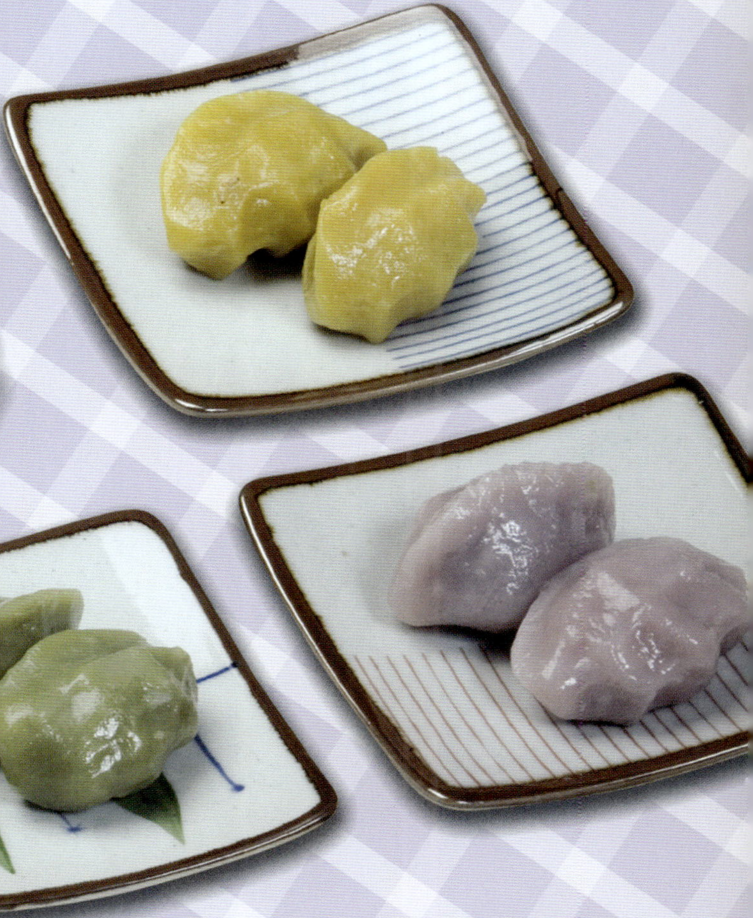

활동목표

- 우리나라 명절에 대해 안다.
- 명절에 먹는 음식에 대해 안다.
- 수증기에 대해 알 수 있다.

 ## 필요한 재료

멥쌀가루 1컵, 석류가루 1큰술, 호박가루 1큰술, 쑥 가루 1큰술,
뜨거운 물 3~5큰술, 송편 속 (팥앙금, 깨, 삶은 밤, 설탕), 참기름

 ## 필요한 도구

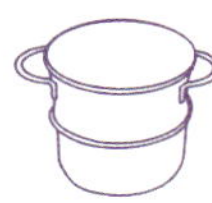

찜기

숟가락

볼

재료 구입처 및 요리시 주의 사항
- 제과용품점이나 떡 재료상에서 석류, 호박, 쑥가루를 구입할 수 있다.
- 송편 반죽은 끓인 물로 반죽을 하며 표면이 매끄럽게 될 때까지 반죽한다.
- 송편을 찔 때 찜기가 뜨거우므로 유아가 다치지 않게 조심한다.

 ## 수업 진행 방법

- 쌀가루와 여러 가지 천연가루를 섞으며 가루의 느낌을 표현 한다.
- 반죽을 하며 느낌도 표현 한다.
- 여러 가지 반죽을 이용해 다양한 송편을 만든다.
- 송편을 찌면서 수증기에 대해 안다.
- 색깔 별로 송편을 분류한다.

만드는 순서

01 

02

03 

04 

05 

06 

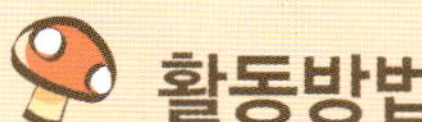

활동방법

❶ 추석에 먹는 음식에 대해 이야기 한다.

- 추석에는 어떤 음식을 먹는 지 알고 있니?
- 송편은 무엇으로 만드는 걸까?

❷ 송편에 들어갈 속 재료에 대해 이야기 한다.

- 송편의 속 재료는 어떤 것을 넣을 수 있을까?
- 너희가 만든다면 무엇을 넣고 싶니?

❸ 송편 재료를 보여주고 함께 만들어 본다.

- 여러 가지 색깔을 만들려면 무엇이 들어갈지 알아 보자.

❹ 송편이 완성된 후 전과 후를 비교해 본다.

❺ 완성된 송편은 간식으로 먹는다.

01
알록달록 송편 재료를 준비한다.

02
멥쌀가루를 3등분 한 후
각각의 가루와 섞어
익반죽한다.

03
깨와 설탕은 섞어 준비하고
삶은 밤은 으깨어 설탕과
섞어 준다.

04

익반죽한 반죽을 이용해
송편을 빚어 준다.

05

찜솥에 송편을 쪄준다.

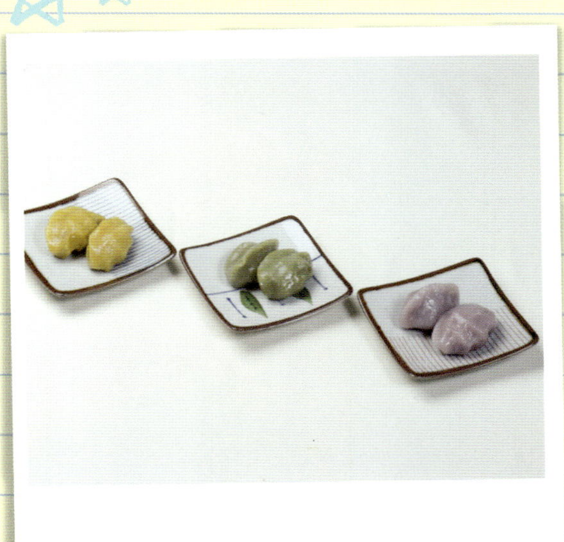

06

찐 후 참기름으로
버무려 완성한다.

cooking

우주선이 된
호박
볶음밥

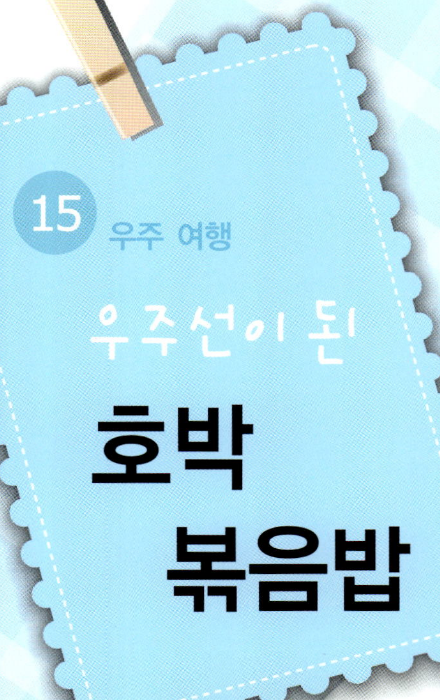

 ## 활동목표

- 재료를 탐색한다.
- 창의력 있게 꾸민다.

 ## 필요한 재료

단호박 1통, 밥 1공기, 다진 고기, 다진 피망, 다진 양파, 소금, 후추,
버터, 카레가루 조금씩, 장식용 (연근조림, 콩자반)

 ## 필요한 도구

  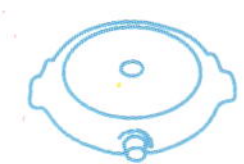 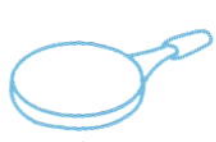  

칼, 도마　　**찜기**　　**핫플레이트**　　**프라이팬**　　**나무주걱**　　**이쑤시개**

재료 구입처 및 요리시 주의 사항
- 호박 속을 너무 깊게 파면 찐 후 으깨 지므로 깊게 파지 않는다.
- 호박을 찔 때 유아가 다치지 않도록 조심 한다.

 ## 수업 진행 방법

- 호박을 만져보고 속을 파면서 호박 속과 씨를 관찰한다.
- 호박을 찌고 난 후의 변화에 대해 관찰 한다.
- 볶음밥을 만든 후 찐 호박에 담고 창의력 있게 우주선을 꾸민다.

만드는 순서

01 

02 

03 

04 

05 

06 

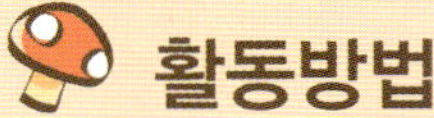

활동방법

❶ 단호박을 보여주고 무엇인지 이야기 해 본다.

- 이건 무엇일까?
- 다른 호박과 무엇이 다를까? 어떻게 먹는 걸까?

❷ 쪄 낸 호박과 그 전의 호박을 비교 해 본다.

- 호박을 찐 후에 그 느낌이 어떻게 변했니?

❸ 호박 속을 넣을 재료를 준비 한다.

- 이 속에는 무엇을 넣으면 좋을까?
- 재료를 익혀서 볶음밥을 만들어 볼까?

❹ 호박으로 우주선을 꾸민다.

- 이 호박은 무엇처럼 생겼니? 무엇을 만들 수 있을까?
- 우주선을 만들어 볼까?
- 준비된 재료로 멋진 우주선을 꾸며 보도록 하자.

❺ 완성된 우주선은 함께 감상을 한다.

❻ 각자 접시에 담아 맛있게 먹는다.

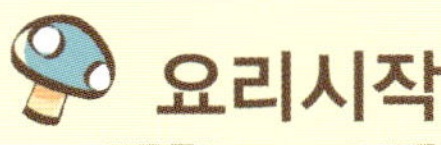

요리시작

01

우주선이 된 호박 볶음밥
재료를 준비한다.

02

단호박 속을 판 후 찜기에 찐다.

03

프라이팬에 버터를 두르고
다진 양파, 피망, 고기를
볶는다.

04 밥을 넣고 소금, 후추,
카레가루를 넣고 간을 한다.

05
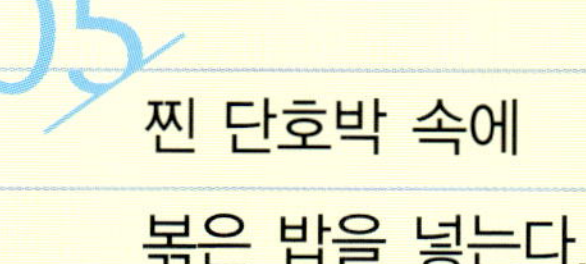
찐 단호박 속에
볶은 밥을 넣는다.

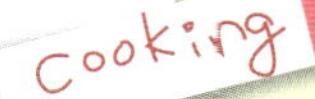

06
연근조림과 콩자반을
이용해 우주선을 꾸며
완성한다.

cooking

16 책

곰돌이 나라의

떡볶이

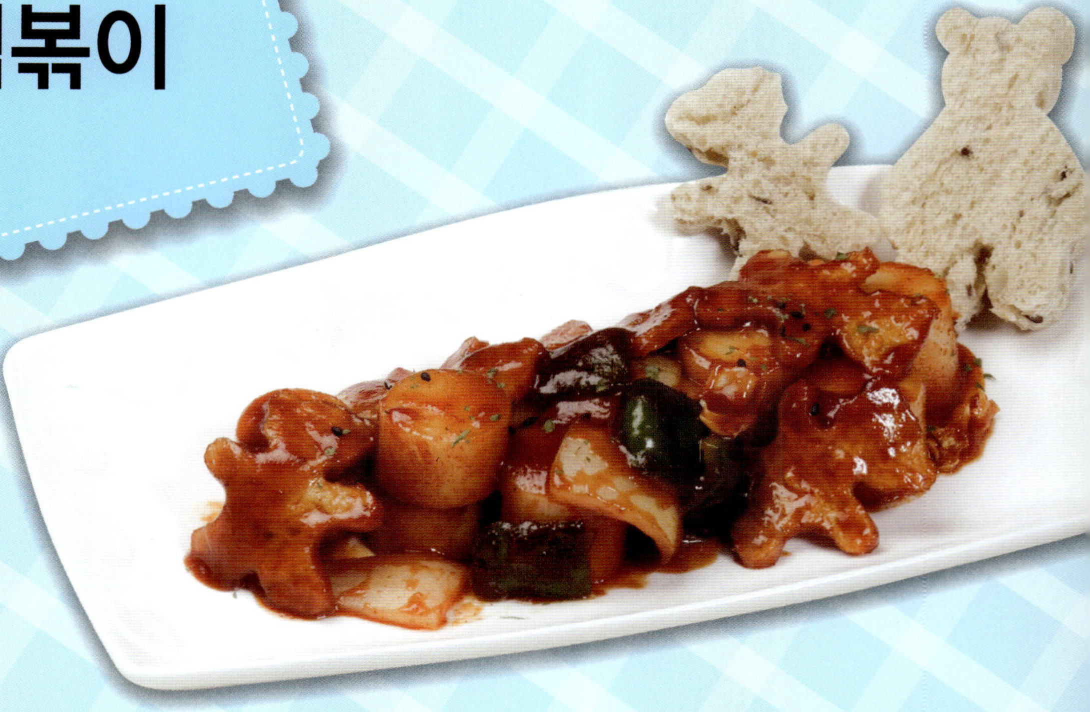

활동목표

- 언어적 창의력과 표현력을 기른다.
- 다양한 맛을 표현 한다.
- 가래떡에 대해 안다.

🍄 필요한 재료

가래떡 1줄, 피망 1/4개, 양파 1/4개, 당근 1/8개, 양배추잎 2장,
어묵 3장, 소스 (고추장 4큰술, 설탕 3큰술, 케첩 1큰술, 물 4큰술)

🍄 필요한 도구

  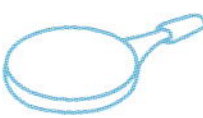  

도마, 칼　　핫플레이트　　프라이팬　　나무주걱　　곰돌이 쿠키커터

재료 구입처 및 요리시 주의 사항　• 곰돌이 쿠키커터는 제과 용품점에서 개당 500~1,000원에 구입 가능하다.
　• 고추장은 시판용 고추장중 어린이용 고추장이나 덜 매운맛 고추장을 사용한다.

🍄 수업 진행 방법

- 가래떡의 의미를 알려 주고 가래떡을 만져 보고 맛을 표현 한다.
  (가래는 순우리말로 둥글고 길게 된 도막의 수를 세는 말이다.
  　가래떡은 둥글고 길게 생긴 떡을 말하는 것이다.)
- 다양한 야채를 자르거나 찢으면서 어떤 소리가 나는지 안다.
- 케첩과 고추장의 맛을 안다.
- 왜 떡볶이가 곰돌이 나라에 갔을까? 유아와 이야기 나눠 본다.

만드는 순서

01

02

03

04

05

06

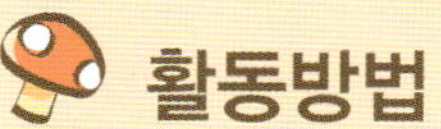

활동방법

1 준비된 재료를 소개하며 어떤 음식을 만들지 추측 해 보도록 한다.

- 이건 무얼까?
- 여기 있는 재료로는 어떤 음식을 만들 수 있을까?

2 떡볶이는 어떤 맛이었는지 이야기 한다.

- 떡볶이를 먹어 본 적이 있니?
- 어떤 맛이었니? 너희는 어떻게 만들었으면 좋겠어?

3 재료들을 준비 한다.

- 떡볶이에 어떤 재료가 들어가니?
- 준비된 재료 외에 다른 재료도 들어갈 수 있을까?

4 준비된 떡볶이 재료를 함께 넣어 끓인다.

5 완성된 떡볶이는 각자 접시에 담아 먹는다.

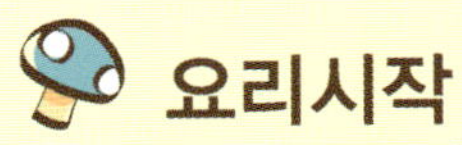
요리시작

01

곰돌이 나라의 떡볶이 재료를
준비한다.

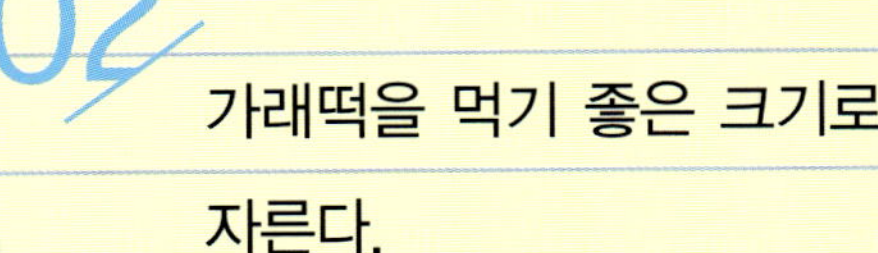

02

가래떡을 먹기 좋은 크기로
자른다.

03

곰돌이 모양 쿠키커터로
어묵을 찍어 낸다.

04

피망, 양파, 당근, 양배추잎을
알맞은 크기로 자른다.

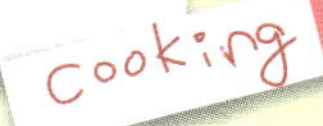

05

프라이팬에 소스를 넣고
끓인 후 자른 야채, 떡,
어묵을 넣고 조린다.

06

그릇에 담아 완성한다.

cooking

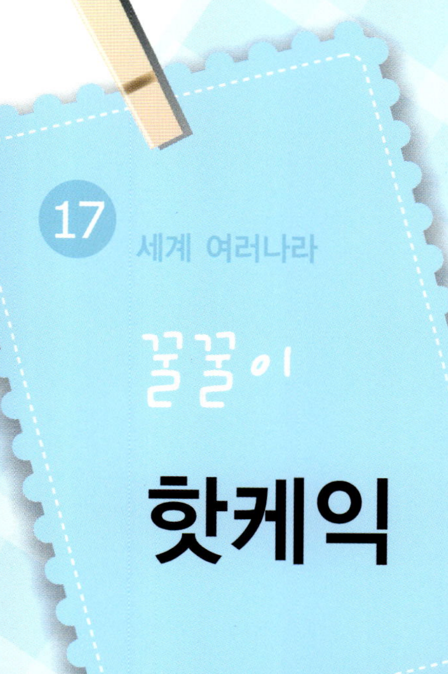

꿀꿀이 핫케익

활동목표

- 과학의 원리에 대해 안다.
- 원심력, 마찰력, 열의 전도에 대해 안다.

 ## 필요한 재료

핫케익 가루 2컵, 백년초 가루 3큰술, 우유 3/4컵, 달걀 1개, 버터 조금,
장식용 (건포도, 바나나, 딸기쨈)

 ## 필요한 도구

| 재료 구입처 및 요리시 주의 사항 | • 동물 모양 핫 케익팬은 인터넷 쇼핑몰에서 개당 2,000원~3,000원에 구입 가능하다.
• 석류 가루는 제과용품이나 떡 재료상에서 구입 가능하다.
• 핫 케익을 구울 때 약한 불에서 굽는다. |

 ## 수업 진행 방법

• 핫케익 반죽을 거품기로 천천히, 빨리 섞으면서 원심력에 대해 안다.

• 프라이팬에 왜 버트를 바르는지 안다.

• 차가웠던 프라이팬이 왜 뜨거워 지는지 안다.

01

02

03

04

05

06

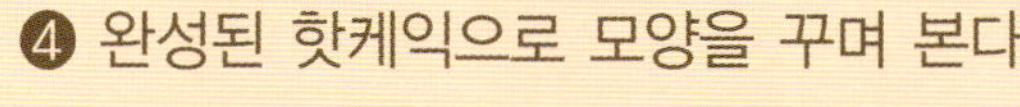

🍄 **활동방법**

❶ 핫케익 가루를 보여주고 무엇을 만들지 이야기 한다.

- 여기 있는 가루는 무엇일까?
- 이런 가루로 만들 수 있는 것은 무얼까?

❷ 핫케익 가루를 반죽하면서 어떻게 변하는지 관찰 한다.

- 가루에 물을 섞으면 어떻게 변할까?
- 물을 많이 넣으면 어떻게 되지?

❸ 핫케익을 만들면서 변화되는 과정을 관찰 한다.

- 반죽을 뜨거운 프라이팬에 넣었더니 어떻게 되었니?
- 반죽을 익게 하려면 어떻게 해야 할까?

❹ 완성된 핫케익으로 모양을 꾸며 본다.

- 이 케익 위에 어떤 모양을 꾸며볼까?
- 너희들이 좋아하는 모양을 꾸며 보도록 하자.

❺ 완성된 핫케익을 감상 해보고 간식으로 나누어 먹는다.

01

꿀꿀이 핫케익의 재료를
준비한다.

02

채에 핫케익 가루와
백년초 가루를 친다.

03

볼에 가루와 우유, 달걀을
넣고 섞는다.

04

프라이팬에 버터를 두르고
반죽을 붓는다.

05

앞뒤로 노릇하게 구운 후
장식용 재료로 눈, 코, 입을
꾸민다.

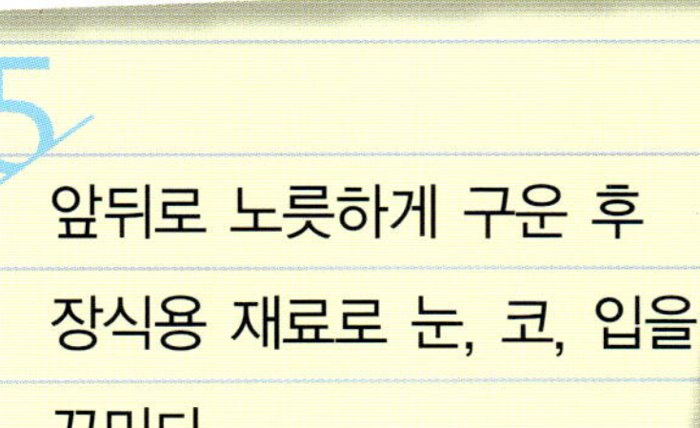

06

돼지 모양을 꾸며
완성한다.

cooking

동물 모양 두부 스테이크

활동목표

- 동물들의 이름과 생김새, 특징을 안다.
- 소근육과 대 근육을 발달시킨다.
- 다양한 소리를 탐색 한다.
- 다양한 조리 도구에 대해 안다.

🍄 필요한 재료

두부 1/2모, 다진 양파, 다진 당근, 다진 피망, 다진 쇠고기, 고구마 전분 3큰술,
달걀 노른자 1개, 포도씨유, 소금 조금씩, 스테이크 소스, 케첩, 허니 머스타드 소스

🍄 필요한 도구

 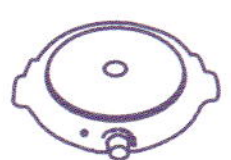    

| 도마, 칼 | 핫플레이트 | 프라이팬 | 볼 | 숟가락 | 나무주걱 |

재료 구입처 및 요리시 주의 사항
- 두부의 물기를 완전히 제거 하지 않으면 반죽이 질어 서로 잘 붙지 않다.
- 프라이팬에 구울 때 기름이 튀지 않도록 주의 한다.
- 소스를 소스 튜브에 넣으면 유아가 짜기 쉽다.

🍄 수업 진행 방법

- 여러 동물의 이름, 생김새, 특징을 이야기 한다.
- 두부를 으깨면서 느낌을 말한다.
- 다양한 재료를 섞어 반죽 하면서 음악에 맞춰 반죽을 친다.
- 구울 때 프라이팬에서 나는 소리를 표현한다.
- 구운 두부스테이크에 다양한 소스를 이용해 동물들의 특징에 맞게 꾸민다.

01 

02 

03 

04 

05 

06 

🍄 **활동방법**

❶ 두부를 보여주고 함께 이야기 한다.

- 이건 무얼까? 무엇으로 만든 걸까?
- 두부는 어떻게 요리해서 먹을 수 있니?

❷ 두부의 느낌에 대해 이야기 한다.

- 두부의 느낌은 어때?
- 으깨 볼 수 있겠니?

❸ 두부를 으깨고 다른 재료도 준비 한다.

- 준비된 재료를 섞어 볼 수 있겠니?
- 다 섞은 재료로 무엇을 만들어 볼까?

❹ 원하는 동물 모양을 만들어 보도록 한다.

- 너희들이 만든 동물을 구워볼까?

❺ 완성된 동물 모양을 꾸민다.

- 각자 접시에 담아 꾸며 보도록 하자.

❻ 접시에 담아 간식으로 먹는다.

01 동물 모양 두부 스테이크
재료를 준비한다.

02 두부는 으깬 후 키친 타올을
이용해 물기를 제거한다.

03 두부, 다진 양파, 당근,
피망, 쇠고기, 전분,
달걀노른자, 소금을
넣고 반죽한다.

04

원하는 동물 모양을 만든 후
프라이팬에 굽는다.

05

동물 모양을 만들고 소스로
얼굴을 꾸민다.

06

완성 후 맛있게 먹는다.

cooking

19 초등학교에 가요

컵속에 숨은

고구마 컵케익

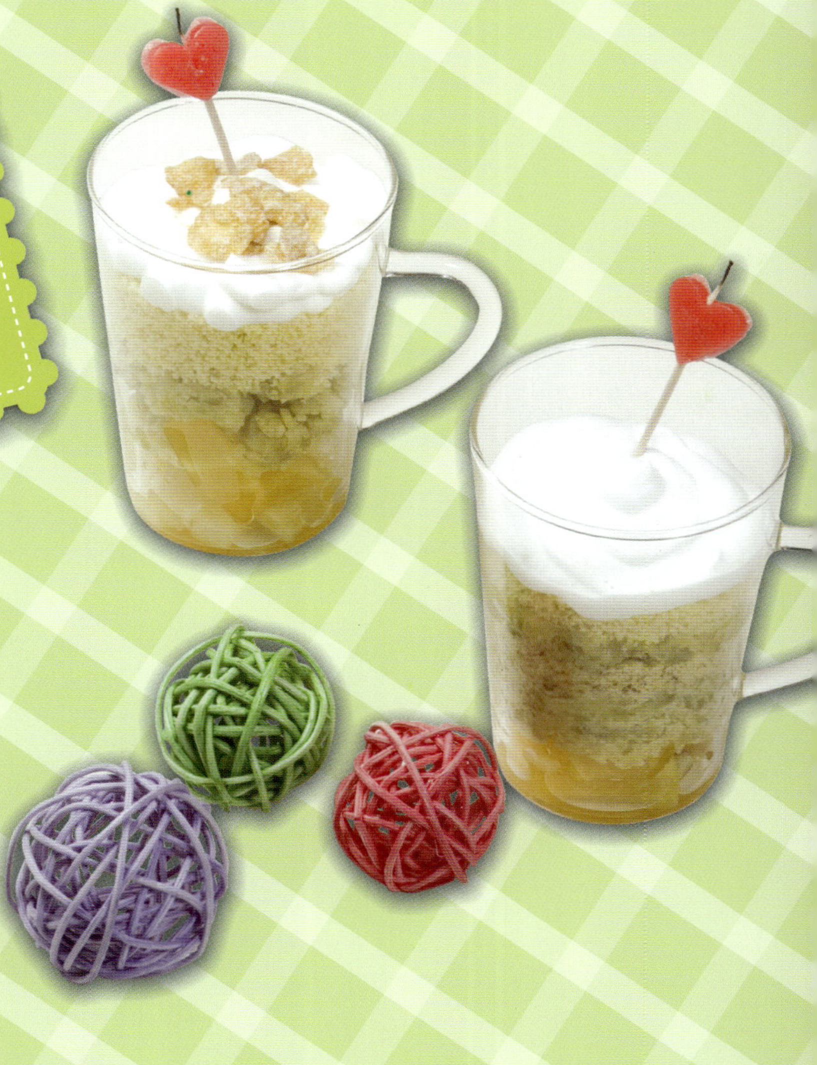

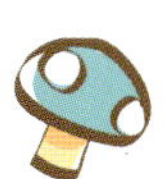

활동목표

- 재료를 탐색 한다.
- 창의력 있게 표현한다.

필요한 재료

찐 고구마 1개, 카스테라빵 1개, 생크림 1컵, 후르츠 1/2컵,
장식용 (시리얼)

필요한 도구

볼   체   포테이토 매셔
(감자 으깨는 도구)   숟가락

재료 구입처 및 요리시 주의 사항
- 생크림은 제과점이나 생크림 액상을 이용해 직접 만들어도 된다.
- 카스테라 가루를 만들 때 체 구멍이 굵은 것으로 사용한다.

수업 진행 방법

- 찌기 전 고구마와 찌고 난 다음의 고구마를 비교 한다.
- 카스테라 가루를 만들 때는 하늘에서 눈이 내리는 것처럼 표현한다.
- 생크림을 만져 보며 느낌을 표현 한다.
- 만 5세 유아는 고구마를 이용한 고구마 이야기책을 만들어 본다.

01 

02 

03 

04 

05 

06 

🍄 **활동방법**

❶ 고구마를 보여주고 이야기 한다.

- 이건 무얼까?
- 먹어본 적이 있니?

❷ 삶은 고구마를 으깨 본다.

- 삶은 고구마와 그냥 고구마는 어떻게 다를까?
- 삶은 고구마를 으깨 볼 수 있겠니?

❸ 준비된 재료를 보여주고 어떻게 먹을지 이야기 한다.

- 이 재료를 함께 먹으려면 어떻게 하면 좋을까?
- 케익을 만들 수 있을까?

❹ 컵에 차례로 담아 케익을 만들어 본다.

- 어떤 재료를 먼저 담을까?
- 예쁘게 꾸며 볼 수 있을까?

❺ 완성한 컵케익에 초를 꽂는다.

❻ 간식으로 먹는다.

01 컵 속에 숨은 고구마 컵케익
재료를 준비한다.

02 고구마는 껍질을 벗기고
으깬다.

03 카스테라 빵은 체에 쳐
가루를 낸다.

04

컵에 후르츠, 으깬 고구마,

카스테라 가루, 생크림

순으로 얹는다.

05 시리얼로 장식 한다.

06 초를 꽂아 케익을 만들어

완성한다.

cooking

크리스마스 트리

경 단

활동목표

- 경단을 만들며 대 근육과 소 근육을 발달시킨다.
- 덩어리 크기를 서로 비교 한다.
- 창의력 있게 트리를 만든다.

 ## 필요한 재료

찹쌀가루 1컵, 팥 앙금 1/4컵, 소금 조금, 뜨거운 물 3~5큰술,
고물 (깨, 카스테라 가루, 쿠키 가루)

 ## 필요한 도구

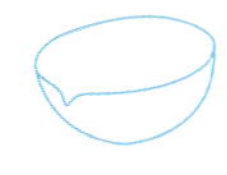  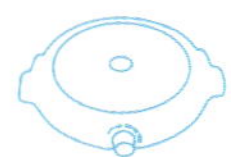 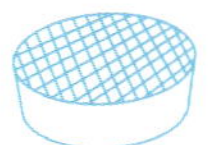

| 볼 | 냄비 | 핫플레이트 | 뜰채 |

재료 구입처 및 요리시 주의 사항
- 팥 앙금은 제과용품 파는 곳에서 구입 가능 하다.
- 반죽을 할 때 끓인 물을 사용해야 경단 반죽이 갈라지지 않는다.

수업 진행 방법

- 찹쌀가루를 만져보고 느낌을 표현 한다.
- 찹쌀가루 양을 비교 해 본다.
- 가루를 만졌을 때와 반죽을 했을 때 느낌을 표현 한다.
- 경단반죽을 나누며 나누는 개념을 안다.
- 창의력 있게 경단으로 트리를 만든다.

01 

02 

03 

04 

05 

06 

활동방법

❶ 크리스마스 트리의 사진을 보여 준다.

- 이건 무얼까?
- 언제 볼 수 있지?

❷ 찹쌀가루와 준비된 재료를 보여 주면서 이야기 한다.

- 이 재료로 크리스마스 트리를 만들 수 있을까?
- 어떻게 만들면 좋을까?

❸ 경단을 만들고 고물을 묻힌다.

- 동그랗게 경단을 만들 수 있겠니?
- 삶은 경단에 맛있는 가루를 묻혀 볼 수 있겠니?

❹ 완성된 경단은 크리스마스 트리 모양으로 꾸민다.

- 접시에 담아서 트리 모양을 만들 수 있겠니?
- 크리스마스 트리처럼 예쁘게 꾸며 보자.

❺ 접시에 담아 간식으로 먹는다.

 **요리시작**

01
크리스마스 트리 경단 재료를
준비한다.

02
찹쌀 가루와 소금을 섞은 후에
뜨거운 물을 넣고 반죽한다.

03
찹쌀 반죽을 새알심
크기로 만들어 팥 앙금을
넣고 빚는다.

04

끓는 물에 소금을 넣고 빚은
반죽을 삶는다.

05

원하는 고물을 묻힌다.

06

크리스마스 트리 모양으로
만들어 완성한다.

내 아이와 함께하는 창의적인
요리배우기

초판 1쇄 2010. 10. 25

발행인 김요섭 **| 발행처** 다음세대 **| 편집인 |** 유선경, 김경화
등 록 2005. 6. 14 제5-443호

주 소 서울시 동대문구 신설동 92-7 ㉾130-110
전 화 영업부 02)927-2121~5, 출판부 02)928-3390~1 **| 팩 스** 02)928-0698
http://www.boyuksa.co.kr

ⓒ 도서출판 다음세대
ISBN-978-89-5723-116-6-13590

값 15,000 원

잘못된 제품은 본사나 구입하신 서점에서 교환하여 드립니다.